Niels Schirrmeister

Alkohol und Ernährung

GRIN Verlag

Bibliografische Information der Deutschen Nationalbibliothek:

Die Deutsche Bibliothek verzeichnet diese Publikation in der Deutschen National-
bibliografie; detaillierte bibliografische Daten sind im Internet über http://dnb.d-
nb.de/ abrufbar.

Impressum:

Copyright © 2011 GRIN Verlag GmbH
Druck und Bindung: Books on Demand GmbH, Norderstedt Germany
ISBN: 978-3-656-29268-5

Dieses Buch bei GRIN:

http://www.grin.com/de/e-book/201267/alkohol-und-ernaehrung

Inhaltsverzeichnis

1   **Einteilung der Alkohole** **3**

2   **Eigenschaften von Alkohol** **4**

3   **Alkoholerzeugung** **5**

3.1 Synthetische Herstellung 5

3.2 Gärung 5

3.3 Destillation 6

4   **Alkohol und der menschliche Organismus** **7**

5   **Bestimmung des Blutalkohols** **10**

6   **Wirkung von Alkohol** **11**

7   **Alkohol und Änderung des Ernährungszustands** **12**

7.1 Alkoholbedingte Mangelernährung 12

7.2 Alkoholaddition und Alkoholsubstitution 12

8   **Alkohol und der Energiestoffwechsel** **13**

8.1 Fettstoffwechsel 13

   8.1.1 Substratbilanz 13

   8.1.2 HDL und LDL 14

   8.1.3 Leber 15

8.2 Kohlenhydratstoffwechsel 15

8.3 Proteinstoffwechsel 15

8.4 Mitochondrien 16

9   **Alkohol und dessen Wechselwirkungen mit Vitaminen** **16**

9.1 Fettlösliche Vitamine 17

   9.1.1 Vitamin A (Retinol) 17

   9.1.2 Vitamin D 18

9.2 Wasserlösliche Vitamine 19

   9.2.1 Folsäure (Vitamin B_9) 19

   9.2.2 Thiamin (Vitamin B1) 20

9.3 Spurenelemente 20

   9.3.1 Zink 21

9.3.2 Kupfer 21

9.3.3 Selen 21

10 Resorption von Alkohol **22**

10.1 Einflussfaktoren bei der Alkoholresorption 23

10.1.1 Störung der Motilität des Magens 23

10.1.2 Medikamente 23

10.1.3 Art der Nahrung 24

10.1.4 Magenentleerung 24

10.2 Zusammenfassung: Einflussfaktoren Alkoholresorption 24

10.3 Resorptionsdefizit 25

11 Blutalkohol **25**

12 Verteilung des Alkohols **26**

12.1 Einflussfaktoren Verteilungsvolumen 26

12.1.1 Geschlecht 27

12.1.2 Alter 27

13 Abbau von Alkohol **27**

14 Literaturverzeichnis **29**

15 Abbildungsverzeichnis **31**

16 Tabellenverzeichnis **31**

17 Formelverzeichnis **31**

1 Einteilung der Alkohole

Alkohole sind organische Verbindungen, die eine oder mehrere Hydroxylgruppen (HO-Gruppen) im Molekül enthalten. Alkohole werden in aliphatische[1] oder alicyclische Verbindungen[2] unterteilt (Wollrab, 2009).

$$CH_3CH_2CH_2CH_2OH$$

aliphatischer Alkohol

alicyclischer Alkohol

Formel 1: Aliphatische und alicyclische Verbindungen **(Wollrab, 2009)**

Generell unterscheidet man die verschiedenen Alkohole nach der Anzahl der Hydroxylgruppen. Einwertige Alkohole enthalten eine Hydroxylgruppe, mehrwertige Alkohole (Polyalkohole) hingegen enthalten mehrere Hydroxylgruppen. Einwertige Alkohole werden in primäre, sekundäre und tertiäre Alkohole (je nach Anzahl der C-C-Bindungen und dem Hydroxylgruppe tragenden C-Atom) eingeteilt. Polyalkohole werden wie folgt unterschieden: Diole sind zweiwertige Alkohole mit zwei Hydroxylgruppen, Triole sind dreiwertige Alkohole mit drei Hydroxylgruppen, Tetraole sind vierwertige Alkohole mit vier Hydroxylgruppen (Singer, 2005).

Ethanol oder Ethylalkohol, in der Umgangssprache als (Trink-)Alkohol bezeichnet, ist ein einwertiger gesättigter aliphatischer Alkohol (Rehner, Biochemie der Ernährung, 2002).

Formel Ethanol: $\boldsymbol{CH_3CH_2OH}$ oder $\boldsymbol{C_2H_5OH}$

Formel 2: chemische Formel Ethanol **(Präve, 1994)**

---

[1] **Aliphatische Verbindung:** Diese Verbindungen haben offene Kohlenstoffketten (Wollrab, 2009).

[2] **Alicyclische Verbindung:** Die Kohlenstoffatome sind ringförmig verknüpft und weisen keine aromatischen Eigenschaften auf (Wollrab, 2009).

$$H-\overset{\overset{\displaystyle H}{|}}{\underset{\underset{\displaystyle H}{|}}{C}}-\overset{\overset{\displaystyle H}{|}}{\underset{\underset{\displaystyle H}{|}}{C}}-OH$$

Formel 3: chemische Formel Ethanol **(Singer, 2005)**

Im weiteren Verlauf dieser Ausarbeitung wird jedoch weiterhin der Trivialname Alkohol anstelle von Ethanol oder Ethylalkohol verwendet.

2 Eigenschaften von Alkohol

Ethanol hat folgende chemische, sensorische und physikalische Eigenschaften:

- farblose Flüssigkeit
- leicht beweglich
- angenehm riechend
- brennend schmeckend
- gute Mischbarkeit mit Wasser
- leicht entflammbar
- verbrennt mit bräunlicher Flamme zu Kohlendioxid und Wasser
- geringe Löslichkeit in Fetten

- Dichte: 789,35 kg/m^3
- Heizwert rd. 27 MJ/kg
- Rel. Molmasse: 46
- Dampfdruck: 59 hPa/20 °C
- Siedepunkt: 78,39 °C
- Fließpunkt: -114,4 °C
- Verdampfungswärme rd. 0,87 MJ/kg

(Singer, 2005); (Präve, 1994)

Aufgrund der Eigenschaften wird Alkohol sehr vielfältig eingesetzt. Alkohol dient als Treibstoff, Desinfektionsmittel, Lösungs-, Verdünnungs-, Extraktions- und Gefrierschutzmittel. Zudem ist Alkohol Ausgangsprodukt für die Herstellung von Farbstoffen und diversen Riechstoffen (Singer, 2005); (Präve, 1994).

In der Nahrungsmittelbranche stellt der Alkohol ein Genussmittel mit berauschender Wirkung dar, der zumeist in alkoholhaltigen Getränken zu finden ist (Präve, 1994).

3 Alkoholerzeugung

Die Alkoholherstellung ist je nach Verwendungszweck unterschiedlich. Nachfolgend werden die synthetische Herstellung, die Gärung und die Destillation näher erläutert.

3.1 Synthetische Herstellung

Alkohol kann synthetisch durch eine reine Chemosynthese hergestellt werden, indem Ethen bei einer Temperatur von ca. 300-400°C und einem Druck von ca. 2-4 MPa (Pascal)[3] in der Gasphase an Phosphorsäure-Träger-Katalysatoren hydratisiert. Dieser Alkohol findet sich vorwiegend zur technischen Verwendung (vor allem in der Industrie) wieder. Der für die Herstellung von Spirituosen und anderen alkoholhaltigen Getränken verwendete Alkohol muss nach gesetzlichen Bestimmungen Alkohol landwirtschaftlichen Ursprungs (Agraralkohol) sein (Singer, 2005).

3.2 Gärung

Alkohol, der in alkoholhaltigen Getränken zu finden ist, wird mit dem Verfahren der Gärung hergestellt. Als Ausgangsmaterialien werden stärkehaltige Pflanzen, wie z. B. Getreide, Kartoffeln oder zuckerhaltige Pflanzen, wie z. B. diverse Früchte oder Zuckerrohr, verwendet. Zur alkoholischen Gärung werden Hefen[4] verwendet, die

---

[3] **Pascal:** SI-Einheit des Drucks (Baltes, 2007)
[4] **Hefen:** einzellige eukaryontische Organismen, die der Gruppe der Pilze zugeordnet werden

unter anaeroben Bedingungen[5] Alkohol und Kohlendioxid abscheiden (Willmes, 2007).

Verschiedene Kohlenhydrate sind somit der Ausgangsstoff für die Gärung. Es können folgende Kohlenhydrate zur Gärung verwendet werden: Glukose, Fruktose, Mannose, Maltose und Saccharose. Um Polysaccharide (z. B. Stärke und Inulin) zu vergären, müssen diese Polysaccharide zuerst zu Glukose oder Fructose hydrolysiert werden (Singer, 2005).

Gleichung der alkoholischen Gärung unter anaeroben Bedingungen:

$$C_6H_{12}O_6 \xrightarrow{\quad Zymase \quad} 2C_2H_5 - OH + 2CO_2$$

$$\downarrow \qquad\qquad\qquad\quad \downarrow \qquad\qquad\quad \downarrow$$

Glukose $\qquad\qquad$ Ethanol (Alkohol) $\qquad$ Kohlendioxid

Formel 4: Gleichung der alkoholischen Gärung (**Willmes, 2007**) (modifiziert)

Zymase ist ein durch Hefe gewonnenes Enzym, welches für den Prozess der Gärung notwendig ist. Zymase katalysiert (Einleitung der Reaktion) die alkoholische Gärung von Hexosen[6] (Willmes, 2007).

Alle Kulturhefen, die zur Gärung verwendet werden, gehören zu der Familie der Saccharomycetaceae, sie können nur bis zu einem Alkoholgehalt von ca. 15 % vol. eingesetzt werden (Singer, 2005).

3.3 Destillation

Die Destillation ist ein thermisches Trennverfahren, in dem verschiedene, ineinander lösliche Stoffe voneinander getrennt werden. Um alkoholhaltige Getränke mit einem

---

(Koolman, 2003).

[5] **Anaerobe Bedingung:** sauerstofffreie Umgebung bzw. Milieu. (Roche-Lexikon , 2003)

[6] **Hexosen:** Monosaccharide, welche ein sechsstelliges Kohlenstoffgerüst aufweisen (Baltes, 2007).

Alkoholgehalt von über 15 % vol. (Spirituosen)[7] herzustellen, ist eine Destillation notwendig. Der Ausgangsalkohol stammt hierbei aus einer bereits vergorenen Maische mit unterschiedlicher Herkunft. Jeglicher Alkohol, der Verwendung in alkoholischen Getränken findet, setzt einen Gärprozess voraus (Singer, 2005); (Präve, 1994).

Nach Baltes unterscheidet man zwischen 3 Stufen der Destillation:

1. dem *„Vorlauf"*, der u. a. Acetaldehyd, Methanol und niedrig siedende Ester enthält;
2. dem *„Hauptlauf"*, der aus 96%igem Ethanol besteht;
3. dem *„Nachlauf"*, in dem Fuselöle, höhere Alkohole usw. enthalten sind. (Baltes, 2007)

Der Vor- und Nachlauf wird als „Sekundarsprit" vereinigt und findet in der chemischen Industrie Anwendung. „Sekundarsprit" ist nicht zum Verzehr geeignet, da er noch Fuselöl und Methanol enthält. Der Hauptlauf („Primasprit") hingegen ist besonders rein und darf höchstens 0,4 mg/100 ml Fuselöl enthalten. Primasprit wird zur Herstellung verschiedener Spirituosen verwendet (Singer, 2005); (Baltes, 2007).

4 Alkohol und der menschliche Organismus

Der menschliche Organismus wird in geringen Konzentrationen auf rein natürliche Weise mit Alkohol konfrontiert. Verschiedene Mikroorganismen der menschlichen Darmflora produzieren durch das Vergären von Zuckern geringe Mengen an Alkohol, die dann vom menschlichen Organismus resorbiert[8] werden. Der Mensch ist somit im Besitz von natürlichen Abbauorganismen, die allerdings nur für geringe Mengen an Alkohol ausgelegt sind. Zumeist wird dem Körper Alkohol in Form von Getränken als Rausch- und Genussmittel zugeführt (Rehner, 2002).

---

[7] **Spirituosen:** alkoholhaltige Getränke, die zwischen 15 und ca. 50 % vol. Alkohol enthalten (Baltes, 2007)

[8] **Resorption/Absorption:** „Die mit den austauschbaren Begriffen Absorption oder Resorption elegten Vorgänge führen zur Aufnahme der resorptionsfertig zerlegten Nahrungsstoffe in die Blut- oder Lymphbahn" (Renz-Polster, 2001).

Der menschliche Organismus reagiert äußerst verschieden auf die Einnahme von Alkohol. Maßgeblich hierbei ist jedoch, die eingenommene Menge an Alkohol (Schlieper, 2005).

Alkoholhaltige Getränke enthalten sehr unterschiedliche Mengen an Alkohol. Tabelle 1 beinhaltet alkoholische Getränke und deren Alkoholgehalt in Gramm und Energiegehalt in Kilojoule:

Tabelle 1: Alkohol-, und Energiegehalt von Getränken **(Schlieper, 2005)** (modifiziert)

alkoholische Getränke	Beispiele	Menge	Portion Alkohol in g	Energie in kJ
Weine	Rotwein	125 ml	11	400
Schaumweine	Sekt	100 ml	9	350
Likörweine	Sherry (trocken)	50 ml	7	240
Weinhaltige Getränke	Wermut (süß)	50 ml	7	355
Vollbiere	Pils	330 ml	10	595
Starkbiere	Bockbier	330 ml	17	855
Malzbiere	Malzbier	330 ml	4	635
Spirituosen	Weinbrand	20 ml	6	225
	Wodka	20 ml	7	235
	Obstbranntwein	20 ml	7	270
Liköre	Eierlikör	20 ml	3	280

Der Alkoholgehalt von Getränken wird gewöhnlich als Volumenanteil in % angegeben. Der Alkoholgehalt variiert stark bei den verschiedenen Getränkesorten. Der Alkoholgehalt von Bier beträgt je nach Sorte von 4 bis 8 % vol., bei Rotwein von 11,5 bis ca. 13 % vol., Weißwein von 10,5 bis ca. 11,8 % vol. und Spirituosen wie z. B. Weinbrand und Obstbranntweine bis zu 50 % vol. und mehr. Erst bei einem Alkoholgehalt von 0,5 % vol. besteht nach dem Lebensmittelgesetz eine Kennzeichnungspflicht, daher ist bei alkoholfreien Bieren und Malzbieren keine Kennzeichnung notwendig, obwohl diese bis zu 5 Gramm Alkohol pro Liter enthalten können. Für eine genauere Abschätzung der Alkoholaufnahme bzw. des Blutspiegels ist eine Umrechnung des Alkohols in Gramm sinnvoll (DHS, 2009); (Mader, 2009).

Um den Alkoholgehalt eines Getränks in Gramm zu bestimmen, wird üblicherweise folgende Formel verwendet:

$$Volumen\ in\ cm^3 \times Alkoholgehalt\ in\ Vol.\text{-}\% \times \frac{0{,}8g}{cm^3}$$

Formel 5: Formel zur Bestimmung des Alkoholgehaltes in Gramm **(Mader, 2009)**

$\frac{0{,}8g}{cm^3}$ = spezifisches Gewicht von Alkohol (Mader, 2009)

Als gesundheitlich verträglich erachtet die Deutsche Gesellschaft für Ernährung e.V. (DGE) 20 Gramm Alkohol pro Tag bei einem gesunden Mann und 10 Gramm Alkohol bei einer gesunden Frau. Jedoch rät die DEG im Allgemeinen vom täglichen Alkoholkonsum ab, da die negativen Aspekte des Alkoholkonsums überwiegen (DGE-Presse, 2000).

Abbildung 3 stellt den Alkoholgehalt in Gramm (g) verschiedener Getränke pro 100 Milliliter (ml) nach Tabelle 1 dar.

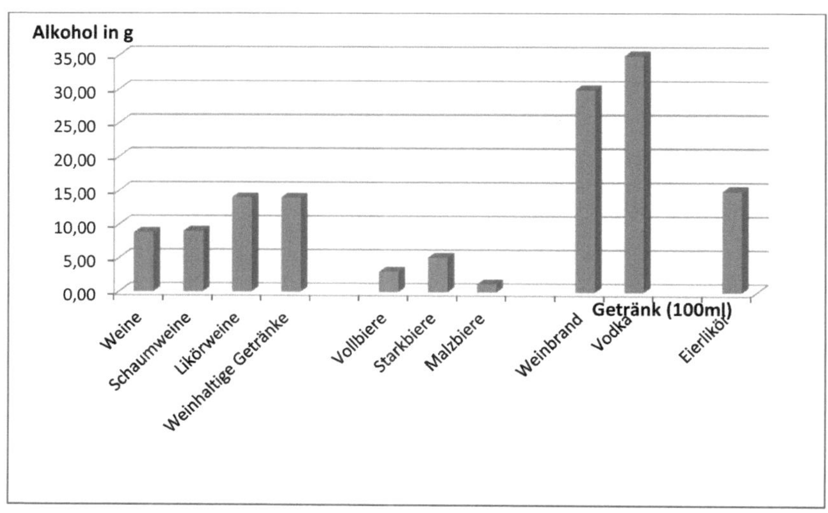

Abbildung 1: Alkoholgehalt verschiedener Getränke pro 100 ml (Schlieper, 2005) (modifiziert)

Abbildung 3 veranschaulicht, dass Spirituosen und Liköre besonders viel Alkohol enthalten. Sie sollten daher in geringen Mengen konsumiert werden.

5 Bestimmung des Blutalkohols

Zur Bestimmung des Blutalkohols sind verschiedene Verfahren möglich. In einigen angelsächsischen Ländern wird zumeist das Vollblutvolumen (g/l bzw. g/dl), bei dem die Angabe in % erfolgt, angegeben. In Deutschland, besonders im forensischen Bereich, ist die Bezeichnung Promille (Promillezeichen: ‰) üblich, welche Blutalkoholkonzentrationswerte in g/kg Vollblut angibt (Singer, 2005).

Die Blutalkoholkonzentration (BAK) kann mithilfe der Windmark-Formel ermittelt werden. Diese Formel ist jedoch stark vereinfacht und die Ergebnisse entsprechen nicht den tatsächlichen Werten. Durch die Windmark-Formel berechnete Werte sind lediglich Schätzwerte (Willmes, 2007).

Windmark-Formel:

$$BAK\permil = \frac{getrunkene\ Alkoholmenge\ in\ Gramm}{K\ddot{o}rpergewicht\ in\ kg * r}$$

r = Reduktionsfaktor

Formel 6: Windmark-Formel **(Willmes, 2007)**

Der Reduktionsfaktor oder Verteilungsfaktor *r* ist für Männer mit normaler Konstitution 0,7 und für hagere Männer 0,8. Für Personen mit einem hohen Anteil von Fettgewebe und Frauen beträgt der Reduktionsfaktor 0,55 bis 0,6 (Willmes, 2007). Der unterschiedliche Reduktionsfaktor von Männern und Frauen kommt dadurch zustande, dass beide Geschlechter einen unterschiedlichen Körperwasser- und Fettanteil pro Kilogramm Körpergewicht aufweisen (Zimmer, 2006).

Des Weiteren gibt es zahlreiche Messinstrumente (z. B. Alkomat) zur Feststellung der Atemalkoholkonzentration (AAK), die in der Regel zur Überwachung des

Straßenverkehrs angewendet werden. Bei der Ermittlung der Atemalkoholkonzentration sind jedoch Abweichungen (Messfehler) möglich. Eine genauere quantitative Alkoholbestimmung ist die enzymatische Bestimmung mittels Alkoholdehydrogenase (ADH-Methode) (Guder, 2005). Bei der ADH-Methode wird über die Armvene Blut entnommen. Hierbei ist darauf zu achten, dass vor dem Blutabnehmen der Arm mit einem alkoholfreien Desinfektionsmittel desinfiziert wird, da sonst falsche Werte ermittelt werden (Reiter, 2007).

6 Wirkung von Alkohol

Abbildung 4 zeigt die Alkoholwirkung in Abhängigkeit der Blutalkoholkonzentration (BAK):

>0,30‰	Subjektiv positive Leistungseinschätzung mit psychischer Auflockerung aber einer nachweisbaren Leistungsminderung; 20–40% der experimentell durchgeführten psychophysischen Leistungstest zeigen signifikante Einbußen
>0,50‰	»Schwips«; Beginn des negativen Erlebens der Alkoholwirkung; Redseligkeit; Kritikschwäche; 40–60% der experimentell durchgeführten psychophysischen Leistungstest zeigen signifikante Einbußen
>0,80‰	»Angetrunken«; Euphorie; Enthemmung; Selbstüberschätzung; auch bei Trinkgewohnten Konzentrationsschwäche; über 60% der experimentell durchgeführten psychophysischen Leistungstests zeigen signifikante Einbußen
>1,10‰	»Leicht bis mäßig betrunken«; beginnende Gang- und Sprachstörungen; Zunahme der Kritikschwäche und Enthemmung; nur kurzfristige Kompensationsmöglichkeit; fast alle experimentellen psychophysischen Leistungstests zeigen signifikante Einbußen
>1,50‰	»Deutlich betrunken«; Uneinsichtigkeit; Distanzlosigkeit; nachlassendes Kurzzeitgedächtnis und in seltenen Fällen beginnende Unzurechnungsfähigkeit
>2,00‰	»Rausch«; deutliche Gang- und Sprachstörungen; später häufig Amnesie; BAK meist nur von Trinkgewohnten zu erreichen; Zurechnungsfähigkeit kann vermindert sein; erste tödliche Alkoholintoxikationen bei Ungewohnten
>2,50‰	»Schwerer Rausch«; allgemeiner Persönlichkeitsabbau; Bewusstseinseinengung; in seltenen Fällen Unzurechnungsfähigkeit
>3,00‰	»Vollrausch«; i. d. R. schwere Orientierungsstörungen (zu Person, Zeit, Ort); Torkeln; Lallen; zunehmende Benommenheit bis Bewusstlosigkeit; Amnesie nach Abklingen des Rausches; Unzurechnungsfähigkeit kann gegeben sein
>3,50‰	In der Regel Lebensgefahr durch Alkoholintoxikation; Gefahr des Kreislaufversagens/Atemstillstandes (z. T. deutlich höhere Werte wurden überlebt)

Abbildung 2: Alkoholwirkung in Abhängigkeit der BAK **(Madea, 2007)**

7 Alkohol und Änderung des Ernährungszustands

7.1 Alkoholbedingte Mangelernährung

Durch die Substitution der regulären Nahrung durch Alkohol kommt es in der Regel zu einer Mangelernährung, da wichtige Bestandteile der Nahrung wie zum Beispiel Vitamine, Mineralien und Spurenelemente, die der menschliche Organismus benötigt, dem Körper nur unzureichend zugeführt werden. Nach Peter Schauder hängt die alkoholbedingte Mangelernährung von verschiedenen Faktoren ab:

> „Stadium des Alkoholismus
> Grad der sozioökonomischen Integration
> soziales und familiäres Netzwerk
> assoziierte alkoholisch und nichtalkoholisch bedingte Erkrankungen
> zusätzliche Medikamentenzufuhr" (Schauder, 2006)

„Gesellschaftlich integrierte schwere Trinker ohne klinisch manifeste somatische Erkrankungen zeigen selten Zeichen der Mangelernährung (Schauder, 2006)."

7.2 Alkoholaddition und Alkoholsubstitution

Der Energiegehalt von Alkohol beträgt 7,1 kcal (29 kJ) pro Gramm. Somit hat Alkohol einen höheren Energiegehalt als Proteine und Kohlenhydrate (4 kcal pro Gramm). Diese Energie ist im Körper für die Energiegewinnung verwertbar. Alkoholenergie kann bei schweren Alkoholikern bis zu 50 % der gesamten Kalorienaufnahme ausmachen, bei gesunden Menschen beträgt sie zwischen 6 und 10 % (Singer, 2002).

Je nach Konsumverhalten kann sich der Ernährungszustand verändern. Ein regelmäßiger Alkoholkonsum und die Einnahme zu Mahlzeiten führen in der Regel zu einer Gewichtszunahme und zur Zunahme des Fettdepots. Dieses Konsummuster bezeichnet man als Alkoholaddition (Jacobi, 2005). Die Ursachen für die Änderung liegen im Energiegewinn aus Alkohol und der Minderung der Fettmobilisation. In der

Regel erfolgt bei mäßigem Konsum von Alkohol keine Einschränkung der Nahrungsaufnahme (Schauder, 2006).

Besteht ein chronischer Alkoholkonsum, so werden die benötigten Kalorien zumeist durch die Kalorien des Alkohols ersetzt. Dies führt dann zu einem Gewichtsverlust und wird Alkoholsubstitution genannt (Jacobi, 2005). Der chronische Alkoholkonsum bewirkt eine Abnahme des Fettdepots und der Bestände von Strukturproteinen, Funktionsproteinen, Vitaminen, Spurenelementen und Elektrolyten. Kommt es zu einer vermehrten Abnahme dieser Stoffe, wird das menschliche Immunsystem stark geschwächt. Durch die Schwächung des Immunsystems ist der menschliche Organismus viel anfälliger für äußere Einflusse wie Viren und Bakterien. (Schauder, 2006).

8 Alkohol und der Energiestoffwechsel

Alkohol besitzt aufgrund seiner toxischen Wirkung eine Sonderstellung im Energiestoffwechsel. Alkohol wird vom Körper so schnell als möglich aus dem Kreislauf eliminiert. Dies geschieht jedoch nur auf Kosten der anderen Stoffwechselreaktionen im menschlichen Organismus (Singer, 2002).

8.1 Fettstoffwechsel

Der Fettstoffwechsel ist durch Alkoholkonsum im besonderen Maße beeinflusst. Nachfolgend wird der Einfluss des Alkohols im Fettstoffwechsel näher erläutert.

8.1.1 Substratbilanz

Alkoholkonsum kann zu einem Ungleichgewicht der Substratbilanz[9] im Körper führen. Das Substratgleichgewicht besagt, dass das Ausmaß der Oxidation der

---

[9] **Substratbilanz:** Kriterium zur Aufrechterhaltung der Gewichtsstabilität (Singer, 2002).

Energieträger (Proteine, Fette und Kohlenhydrate) gleich oder größer der Zufuhr sein muss (Singer, 2002).

Bei einer Alkoholaddition, gemessen an jungen Männern, nimmt die Fettoxidation um ca. 36 %, bei Alkoholsubstitution um ca. 31 % ab (Singer, 2002). Die dadurch entstehende positive Fettbilanz ist durch das Acetat zu erklären, welches in peripheren Organen (vor allem in den Muskeln) anstelle von Fett als Energiequelle benutzt wird. Es sollte daher bei Alkoholkonsum und gleichzeitiger Nahrungsaufnahme auf den Fettgehalt der Nahrung geachtet werden. Dieser sollte möglichst nicht über 30 % liegen (Schauder, 2006). Aufgrund der Störung des Fettstoffwechsels kann Alkoholkonsum somit eine Entwicklung von Übergewicht und Adipositas[10] zur Folge haben (Singer, 2002).

8.1.2 HDL und LDL

High-density-Lipoproteine (HDL; dt. Lipoproteine hoher Dichte) werden in der Leber und im Dünndarmepithel gebildet. Die Hauptaufgabe der HDL besteht darin, überschüssiges Cholesterin, welches von absterbenden Zellen und abgebauten Membranen an das Blut abgegeben wird, abzubauen. Aufgrund dieser Funktion wirkt HDL der Entstehung von Arteriosklerose[11] entgegen (Schlieper, 2005). Eine regelmäßige moderate Zufuhr von Alkohol bewirkt eine Erhöhung der HDL im Körper (Schauder, 2006). Allerdings sind die genauen Mechanismen der HDL-Erhöhung nur unzureichend bekannt (Singer, 2005).

Low-density-Lipoproteine (LDL; dt. Lipoproteine niederer Dichte) unterliegen keinen nennenswerten Effekten in Verbindung mit Alkohol (Schauder, 2006). Effekte von Alkohol auf den LDL-Spiegel sind in den unterschiedlichen Studien sehr widersprüchlich und werden daher nicht aufgeführt (Singer, 2005). (siehe Kapitel positive Auswirkung von Alkohol)

---

[10] **Adipositas:** Fettleibigkeit, Bodymass-Index (BMI) > 29,9 kg/m^2 (Roche-Lexikon , 2003)

[11] **Arteriosklerose:** Arterienverkalkung, die zu Gefäßwandverhärtungen und Deformierungen führt. (Roche-Lexikon , 2003)

8.1.3 Leber

Bei chronischem Alkoholkonsum kommt es zu einer Fetteinlagerung in der Leber (Stein, 2003). Die sogenannte Fettleber entwickelt sich bei ständigem Alkoholkonsum, nicht jedoch bei unregelmäßigem Konsum (z. B. Wochenendtrinkern). Allerdings kann eine Fettleber bereits nach ca. 3 Wochen entstehen, wenn täglich 160 g (ca. 2 l Wein) reiner Alkohol konsumiert werden (Kasper, 2004).

8.2 Kohlenhydratstoffwechsel

Besteht ein chronischer Alkoholkonsum in Verbindung mit einer alkoholbedingten Krankheit wie z. B. Leberzirrhose (siehe Kapitel 20.1) und einer unzureichenden Aufnahme von Kohlenhydraten, kann es zu einer Störung der Pyruvatverfügbarkeit[12] für die Glukogenese[13] kommen. Die Störung der Pyruvatverfügbarkeit kann eine Hypoglykämie,[14] die auch lebensbedrohlich sein kann, hervorrufen (Schauder, 2006). Die Sterberate der alkoholinduzierten Hypoglykämie liegt bei ca. 10 bis 20 %. Patienten mit einer Hypoglykämie sollten mit einer Glukoseinfusion behandelt werden (Stein, 2003).

8.3 Proteinstoffwechsel

Alkoholkranke Menschen weisen oftmals einen Proteinmangel auf, der wiederum die Entstehung alkoholbedingter Lebererkrankungen begünstigt. Die in der Leber ablaufende Proteinsynthese wird aufgrund der Veränderung des Redoxpotenzials durch den Alkoholkonsum gehemmt (Stein, 2003).

Zudem kann es zu Sekretionshemmungen von Plasmaproteinen[15] und zu einer Anhäufung von Proteinen in der Leber kommen, da das bei der Alkoholoxidation

---

[12] **Pyruvat:** ein Salz der Benztraubensäure (Roche-Lexikon , 2003).

[13] **Glukogenese:** die Glucosebildung im Organismus durch Abbau von Kohlenhydraten, insb. von Glykogen (Roche-Lexikon , 2003).

[14] **Hypoglykämie:** Absinken des Blutzuckers unter Normalwerte (Roche-Lexikon , 2003).

[15] **Plasmaproteinen:** Eiweißstoffe des Blutplasmas (Roche-Lexikon , 2003).

anfallende Acetaldehyd Bindungen mit den SH-Gruppen von Cystein[16] und Glutathion[17] eingeht (Stein, 2003).

Der tägliche Proteinbedarf von ca. 0,8 g Protein pro Kilogramm Körpergewicht (Schlieper, 2005) erhöht sich somit bei chronischem Alkoholkonsum (Singer, 2005).

8.4 Mitochondrien

Des Weiteren kann Alkohol negativ auf die Mitochondrien[18] wirken. Studien ergaben, dass ein chronischer Alkoholkonsum die Strukturen einiger Mitochondrien schädigen kann und eine Störung der Mitochondrienfunktion, speziell in den Mitochondrien der Herzmuskelzellen, verursacht (Hort, 2000).

9 Alkohol und dessen Wechselwirkungen mit Vitaminen

Vitamine sind lebensnotwendige organische Verbindungen, die für den menschlichen und tierischen Organismus für Wachstum, Funktion der Organe und Fortpflanzung essenziell sind (Kreutzig, 2006).

Bei dem Menschen und höheren tierischen Organismen ist im Laufe der Evolution die Fähigkeit zur Synthese von Vitaminen verlorengegangen. Somit ist der Mensch gezwungen, diese Stoffe, welche durch Pflanzen und Mikroorganismen synthetisiert werden, durch die Nahrungsaufnahme einzunehmen (Rehner, 2002).

Es müssen jedoch nicht alle Vitamine (wie von Gertrud Rehner 2002 dargestellt) mit der Nahrung zugeführt werden.

Die Darmflora eines gesunden menschlichen Organismus ist in der Lage, Folsäure, Biotin und Vitamin K zu synthetisieren und den Bedarf zu decken (Töpel, 2004).

---

[16] **Cystein:** „schwefelhaltige essentielle Aminosäure" (Roche-Lexikon , 2003)

[17] **Glutathion:** „in Erythrozyten vorhandenes Tripeptid, das deren Membran vor oxidierenden Substanzen schützt". (Roche-Lexikon , 2003)

[18] **Mitochondrien:** Zellorganell = Kraftwerk der Zelle durch Umwandlung von Substraten in energiereiches Adenosintriphosphat (ATP) (Roche-Lexikon , 2003).

Zudem kann der Vitamin-D-Bedarf eines gesunden Erwachsenen über die Vitamin-D-Synthese der Haut gedeckt werden, wenn genügend UV-Strahlen auf die Haut gelangen (Kugler, 2007).

Vitamine werden in kleinen Mengen für den Stoffwechsel benötigt. Der Bedarf an einzelnen Vitaminen wird von Alter, Geschlecht, Körpergröße, Gewicht und physiologischen Aspekten wie körperliche Belastung, Ernährungsgewohnheiten oder Schwangerschaft bestimmt. Vitamine wirken meist als Antioxidantien. „Der Begriff Antioxidantien wird für Substanzen verwendet, die in physiologischen Konzentrationen die Oxidation eines Substrates hemmen" (Rehner, Biochemie der Ernährung, 2002). Zudem sind Vitamine auch Vorstufen von Koenzymen und in manchen Fällen sogar von Hormonen. Nur wenige Vitamine können vom Körper gespeichert werden (Vitamin A, D, B_{12} und E). Die restlichen Vitamine müssen dem menschlichen Organismus stets durch die Nahrung zugeführt werden, da sonst Mangelerscheinungen auftreten können. Vitamine werden grundsätzlich in fettlösliche und wasserlösliche Vitamine eingeteilt (Koolman, 2003).

Nachfolgend werden einige Vitamine aufgeführt, die Wechselwirkungen mit Alkohol aufzeigen.

9.1 Fettlösliche Vitamine

Fettlösliche Vitamine gehören alle zur Gruppe der Isoprenoide und sind in Fetten löslich. Zur Gruppe der fettlöslichen Vitamine gehören die Vitamine A, D, E und K (Koolman, 2003). Diese Vitamine haben gewisse Ähnlichkeiten zueinander, da sie alle aus Isoprenoid-Einheiten aufgebaut sind (Rehner, 2002).

9.1.1 Vitamin A (Retinol)

Vitamin A ist die Hauptsubstanz der Gruppe der Retinoide, zu der Retinal und Retinsäure zählen. Durch Spaltung der Retinoide wird das Provitamin β-Carotin gebildet. Retinoide kommen hauptsächlich in tierischen Produkten vor. β-Carotin hingegen kommt zumeist in Früchten und Gemüsen vor, besonders in Karotten (Koolman, 2003).

Besteht ein chronischer Alkoholkonsum, so kommt es zu einer Abnahme des Vitamin-A-Speichers in der Leber. Dies ist bedingt durch einen vermehrten Abbau infolge Induktion des Cytochrom-P450-Systems. Durch eine erhöhte Alkoholaufnahme kann es zu Veränderungen im Vitamin-A-Stoffwechsel und zu funktionellen oder organischen Schädigungen kommen. Es kann zum Beispiel zu Schäden im Bereich der Lysosomen (Zellorganellen in eukaryontischen Zellen) führen. Zudem ist eine Verminderung verschiedener Detoxikationsreaktionen möglich. Erfolgt der Alkoholkonsum chronisch oder dauerhaft exzessiv, so wird von einer Supplementierung mit Vitamin A oder β-Carotin abgeraten. Es kommt zu einer beträchtlichen Toxizität, wenn Vitamin A mit Alkohol kombiniert wird. Die genauen toxischen Auswirkungen sind jedoch nicht bekannt. Es werden zurzeit nur Rückschlüsse aus Tierversuchen und menschlichen Beobachtungen gezogen. Aufgrund des aktuellen Wissensstands wird daher grundsätzlich von einer Supplementierung mit Vitamin A und β-Carotin bei hohem Alkoholkonsum abgeraten (Singer, 2005).

9.1.2 Vitamin D

Durch Alkoholkonsum geschädigtes Lebergewebe verursacht eine verminderte Aktivierung des Vitamin D (Schauder, 2006). Der Vitamin-D-Stoffwechsel wird im Allgemeinen bei chronischem Alkoholkonsum stark gestört. Folgt eine Alkoholabstinenz, so normalisiert sich der Vitamin-D-Stoffwechsel wieder. Schwere Alkoholiker leiden oft aufgrund von Veränderungen im Vitamin-D-Endokrinium unter der sogenannten „alkoholischen Knochenkrankheit" (Osteoporose und Osteomalazie). Ist es zu einer solchen Knochenkrankheit gekommen, so kann dem durch Gabe von Vitamin D kaum Einhalt geboten werden. Allgemein wird bei alkoholkranken Menschen jedoch die Supplementierung mit Vitamin D empfohlen. Die tägliche Vitamin-D-Dosis sollte dabei zwischen 400 I.U. und 1.000 I.U. liegen (Singer, 2005).

9.2 Wasserlösliche Vitamine

Wasserlösliche Vitamine dienen vorwiegend als Koenzyme und sind daher in jeder lebenden Zelle unentbehrlich (Kreutzig, 2006). Insgesamt gehören neun Substanzen zu der Klasse der wasserlöslichen Vitamine. Mit Ausnahme von Ascorbinsäure (Vitamin C) werden diese auch kurz B-Vitamine (Thiamin, Riboflavin, Niacin, Pyridoxin, Folsäure, Cobalamin, Biotin und Pantothensäure) genannt. Wasserlösliche Vitamine sind Syntheseprodukte von Mikroorganismen und Pflanzen, die hydrophile Eigenschaften aufweisen (Rehner, 2002). Alkoholkranke Menschen haben oft einen Mangel an Folsäure und Thiamin (Schauder, 2006).

9.2.1 Folsäure (Vitamin B_9)

Hauptursachen für einen Folsäuremangel ist der geringe Folsäuregehalt in den Nahrungsmitteln. Es gibt nur wenig Nahrungsmittel, die einen hohen Anteil von Folsäure haben. Die Aufnahme von Alkohol führt zu einer Senkung des Folsäurespiegels im Blut, speziell im Serum (Singer, 2005).

Besteht ein chronischer Alkoholkonsum, so ist der Folsäuremangel einer der häufigsten Vitaminmängel. Der Folsäurestoffwechsel wird durch den Alkohol erheblich beeinflusst. Es kommt zu einer Verminderung der Resorption und zur Speicherung der Folsäure in der Leber sowie zu einer Steigerung des Abbaus in der renalen Ausscheidung.[19] Bei Biertrinkern finden sich im Serum höhere Konzentrationen von Folsäure als bei Konsumenten anderer Alkoholika, da Bier hohe Konzentrationen von Folsäure enthält.

Ein Folsäuremangel verursacht Störungen der Blutbildung, z. B. Leukopenie[20] und Thrombopenie[21], und neuropsychiatrische Störungen, wie z. B. Vergesslichkeit und Schlafstörungen (Schauder, 2006).

---

[19] **Renale Ausscheidung:** Die Ausscheidung eines Stoffes aus dem Blutkreislauf erfolgt zum größten Teil über den Urin oder die Nieren (Roche-Lexikon , 2003).

[20] **Leukopenie:** „Verminderung der Leuko-Zahl im peripheren Blut auf Werte < 4000/µl." (Roche-Lexikon , 2003)

[21] **Thrombopenie:** „Verminderung der Plättchenzahl (< 150 000/ µl im periphären Blut."

9.2.2 Thiamin (Vitamin B1)

Es ist davon auszugehen, dass ungefähr 80 % aller schweren Alkoholkonsumenten, unabhängig davon, ob eine Lebererkrankung besteht, einen Thiaminmangel aufweisen. Zurückzuführen ist dies zum einen auf eine unzureichende Aufnahme des Vitamins durch die Nahrung und zum anderen kommt es besonders bei einer geringen Zufuhr zu einer Malabsorption[22], da im Dünndarm der aktive Transportmechanismus, durch welchen das Vitamin aufgenommen wird, schon durch geringe Alkoholmengen gehemmt wird. Es wird davon ausgegangen, dass diese Malabsorption durch eine Alkoholabstinenzphase rückgängig gemacht werden kann (Schauder, 2006). Ein Thiaminmangel verursacht einen Leistungsabfall, Müdigkeit und Kopfschmerzen. Zudem kann ein Thiaminmangel im schwersten Falle eine sogenannte Wernicke-Enzephalopathie verursachen, durch welche es zu einer Schädigung des Gehirns mit Verlust des Kurzzeitgedächtnisses kommen kann (Suter, 2002). Eine Supplementierung mit diesem Vitamin wird sowohl während einer Abstinenzphase als auch bei anhaltendem Alkoholkonsum empfohlen, wobei diese durch eine möglichst schnelle parenterale[23] Vitamin-B1-Therapie erfolgen sollte, um mögliche irreversible Schäden zu vermeiden (Singer, 2005).

9.3 Spurenelemente

Bei chronischem Alkoholkonsum ist ein erheblicher Mangel an Elektrolyten und Spurenelementen wie Zink, Kupfer und Selen sehr wahrscheinlich (Schauder, 2006). Beim Vorliegen einer Leberzirrhose, eine bei Alkoholikern häufig auftretende Krankheit, kommt es zu einer erhöhten Urinausscheidung. Dies hat wiederum zur Folge, dass die verschiedenen Spurenelemente mit ausgeschieden werden. Das Ausmaß der Urinausscheidung und damit der Nährstoffverluste ist vom Schweregrad der Leberschädigung abhängig (Singer, 2005).

(Roche-Lexikon , 2003)

[22] **Malabsorption:** Störung der Nahrungsresorption im Dünndarm (Roche-Lexikon , 2003).

[23] **Parenteral:** Die Zufuhr eines Stoffes unter Umgehung des Verdauungstraktes (Roche-Lexikon , 2003).

9.3.1 Zink

Studien zufolge kommt es bei schwerem Alkoholkonsum häufig zu einem Zinkmangel mit erniedrigtem Zinkspiegel in Plasma, Serum, Leukozyten und in der Leber (Schauder, 2006). Zur Erfassung der Versorgungslage von Zink wird die Ermittlung des Plasma- oder Haarzinkspiegels empfohlen. Allerdings stellt die Erfassung der Zinkversorgungslage noch immer eine medizinische Herausforderung dar, da es bisher noch keinen sensitiv und funktionell genügenden Test zur Erfassung der Zinkversorgung gibt (Singer, 2005). Die Alkoholtoxizität wird durch einen Zinkmangel verstärkt, was dadurch erklärt werden kann, dass das geschwindigkeitsbestimmende Enzym des Alkoholabbaus (ADH) zinkabhängig ist. Bei chronischem Alkoholkonsum ist daher zur Vorsorge von Mangelerscheinungen eine Supplementierung mit Zink zu empfehlen. Die tägliche empfohlene Dosis an Zink beträgt bei einem Erwachsenen 15 mg (Schauder, 2006). Zinkmangel führt häufig zu Appetitlosigkeit, Störung des Geschmacksempfindens, schlechter Wundheilung und einer erhöhten Infektanfälligkeit (Ekmekcioglu, 2006).

9.3.2 Kupfer

Kupfer- und Zink-Metabolismus sind miteinander eng verknüpft. Ein chronischer Alkoholkonsum führt zu einem verminderten Plasmakupferspiegel. Menschen mit einer alkoholbedingten Lebererkrankung weisen oft eine deutlich verminderte Konzentration an Kupfer in Verbindung mit Zink (Cu-Zn-SOD) auf. Hierbei (Singer, 2005). Die typischen klinischen Symptome eines Kupfermangels sind Anämie und Schlaf- und Pigmentstörungen sowie Skelett- und Muskelschäden (Ekmekcioglu, 2006). Alkohol verstärkt die klinischen Symptome einer Kupfer-Unterversorgung (Singer, 2005).

9.3.3 Selen

Selen hat im menschlichen Organismus wichtige Koenzymfunktionen (Funktionen zur Abwehr von oxidativen Schäden durch freie Radikale). Schon bei geringen Alkoholmengen kommt es zu einem Abfall der Serumselenkonzentration. Laut neueren Studien korreliert der Serumselenspiegel mit der eingenommenen Alkoholmenge. Jedoch konnte während einer Alkoholabstinenz kein Anstieg des Serumselenspiegels festgestellt werden. Eine Supplementierung mit Selen kann Organe wie das Hirn oder das Myokard vor negativen Effekten des Alkoholkonsums schützen. Es wird daher geraten, alkoholkranke Menschen konstant und adäquat mit Selen zu versorgen (Singer, 2005). Selenmangel kann zu einer nutritiven Gelenkknorpeldegeneration (Kaschin-Beck-Krankheit), zur epidemischen Neuropathie oder Weißmuskelkrankheit führen (Ekmekcioglu, 2006).

10 Resorption von Alkohol

Alkohol gelangt zumeist oral durch den Konsum alkoholhaltiger Getränke oder Nahrungsmittel über den Mund in den menschlichen Organismus. Alkohol wird aufgrund von Diffusion[24] resorbiert und kann über jede Oberfläche des Körpers (z. B. Darmepithel, Haut und Lungenepithel) aufgenommen werden (Singer, 2002). Ein geringer Teil des aufgenommenen Alkohols wird zuerst über die Schleimhäute im Mund und den Ösophagus (Speiseröhre) resorbiert. Wegen der sehr kurzen Verweildauer des Alkohols in diesen Organen kann dieser Effekt jedoch vernachlässigt werden. Die Resorption über die Magenschleimhaut beträgt ca. 10 bis 30 %. Der Großteil des Alkohols wird über die Schleimhaut des Dünndarms resorbiert und ein kleinerer Teil im Dickdarm. Somit werden insgesamt rund 90 % der konsumierten Alkoholmenge im Gastrointestinaltrakt (Verdauungstrakt) resorbiert, unabhängig von der im Magen befindlichen Nahrung (Madea, 2003); (Singer, 2002).

Wegen seiner Eigenschaften (niedriges Molekulargewicht, hohe Wasserlöslichkeit) passiert Alkohol alle transmembranen Kanäle des Körpers, die auch von Wasser passiert werden. Alkohol verteilt sich somit auf alle wasserhaltigen Kompartimente des Körpers (ca. 70 % des Volumens der Körpermasse) relativ gleichmäßig. Das Gehirn, die Leber und die Muskulatur nehmen dabei besonders viel Alkohol auf, Fettgewebe und Knochenmasse jedoch nur wenig (Singer, 2002); (Rehner, 2002).

---

[24] **Diffusion:** eine gleichmäßige Durchmischung (Ausbreitung) von Molekülen in einem gegebenen Raum (Roche-Lexikon , 2003).

10.1 Einflussfaktoren bei der Alkoholresorption

Die Resorption von Alkohol verläuft relativ schnell, wenn zum Zeitpunkt des Konsums der Magen nüchtern (leer) ist. In diesem Fall kann die Alkoholresorption bereits nach ca. 30-60 Minuten abgeschlossen sein. Wird zudem Alkohol in sehr geringen Konzentrationsmengen konsumiert, kann die Resorption t bereits nach ca. 10 Minuten abgeschlossen sein. Eine ausgiebige Nahrungsaufnahme und der Konsum von größeren Mengen an gering konzentrierten alkoholischen Getränken sowie eine Magenentleerungsstörung verlangsamt jedoch die Alkoholresorption (Madea, 2003).

Eine Verzögerung der Absorption im Darm bewirkt zudem einen niedrigeren Höchstwert der Blutalkoholkonzentration (Singer, 2002).

Die Geschwindigkeit der Alkoholabsorption im Körper wird von den nachfolgenden Aspekten beeinflusst.

10.1.1 Störung der Motilität des Magens

Zu einer Störung der Motilität des Magens kann es durch vegetative oder psychische Störungen wie z. B. Ekel, Übelkeit und Angst kommen, wobei die Resorption langsamer erfolgt. Zudem kann ein zügiger Alkoholkonsum eine Verengung im Bereich des Magenausgangs implizieren, was wiederum die Alkoholresorption erheblich verzögert (Madea, 2003).

10.1.2 Medikamente

Verschiedene Medikamente wie Aspirin, anticholinerge Wirksubstanzen und Aminopyrin können ebenfalls eine Verlangsamung der Alkoholabsorption bewirken, da sie die Magenmotilität beeinflussen (Singer, 2005).

10.1.3 Art der Nahrung

Es besteht keine direkte Wechselwirkung zwischen der Art der Nahrung und der Alkoholaufnahme (Singer, 2005). Jedoch führt eine stark fett- und/oder proteinhaltige Nahrung zu einer Verzögerung der Magenentleerung, was wiederum mit einer verzögerten Alkoholresorption einhergeht (Madea, 2003).

10.1.4 Magenentleerung

Allgemein ist die Magenentleerung der bedeutendste Faktor bei der Resorptionsgeschwindigkeit des Alkohols. Jeder physiologische oder pharmakologische Faktor, der die Magenentleerung beeinflusst, kann somit auch die Geschwindigkeit der Alkoholabsorption beeinflussen, wobei die Anwesenheit von Nahrung der wichtigste Faktor der Magenentleerung darstellt (Singer, 2002).

10.2 Zusammenfassung: Einflussfaktoren Alkoholresorption

In Tabelle 2 werden die Einflussfaktoren der Alkoholresorption zusammengefasst.

Tabelle 2: Einflussfaktoren der Resorption **(Madea, 2003)** (modifiziert)

Schnelle Absorption von Alkohol	Langsame Absorption von Alkohol
• hoch konzentrierter Alkohol	• Magenfüllung
• warme und heiße Getränke	• fetthaltige Speisen
• CO_2-haltige Getränke	• Schleimhautreizung durch Gewürze
• leerer Magen	• Magenschleimhautentzündung
	• erhöhter Vagotonus[25]
• operative Verkleinerung des Magens	(Übelkeit, Angst, Furcht)
• Medikamente	

---

[25] **Vagotonus:** „der – anhaltende – Spannungs- bzw. Erregungszustand des parasympath Systems" (Roche-Lexikon , 2003).

10.3 Resorptionsdefizit

Die konsumierte und die sich im Organismus verteilende Alkoholmenge ist niemals gleich, da ein Teil des in den Magen-Darm-Trakt gelangten Alkohols verlorengeht. Diesen Verlust nennt man Resorptionsdefizit. Je langsamer die Resorption erfolgt, desto größer wird das Resorptionsdefizit. Das Resorptionsdefizit kann biochemisch mit der First-Pass-Metabolisierung erklärt werden (Madea, 2003). Die First-Pass-Metabolisierung ist ein enzymatischer Abbau vor der Verteilung des Alkohols im Körper und kann in Magen, Darm oder Leber erfolgen. Es wurde nachgewiesen, dass hauptsächlich die gastralen ADH-Isoenzyme für die Oxidation des Alkohols verantwortlich sind (Singer, 2002). Das Resorptionsdefizit kann je nach Alkoholkonsum und eingenommener Nahrung zwischen ca. 10 und 30 % variieren (Zimmer, Prüfungsvorbereitung Rechtsmedizin, 2006). Bei hochprozentigen alkoholischen Getränken wie z. B. 40 % vol. Schnaps ist das Resorptionsdefizit gering (ca. 10 %). Bei Getränken wie Bier mit 5 % vol. ist das Resorptionsdefizit hingegen mit ca. 30 % sehr hoch (Madea, 2007).

11 Blutalkohol

Bei der Resorption von Alkohol kommt es zu einem raschen Anstieg der Blutalkoholkonzentration. Dieser Anstieg wird auch als Absorptionsphase bezeichnet. Nach dem Erreichen der maximalen Alkoholkonzentration im Blut folgt die Verteilungsphase (Diffusionsphase), in der es allmählich zu einem Ausgleich zwischen Resorption und Abbau kommt. Die Verteilung erfolgt über die Gefäßwände in den Körper. Der langsame, fast lineare Abfall der Blutalkoholkonzentration wird als

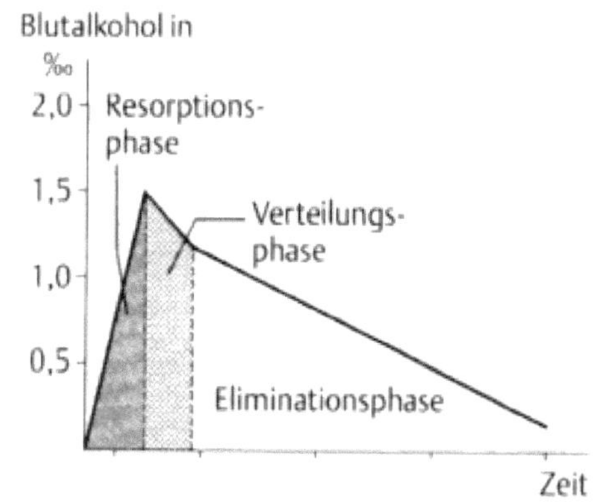

Abbildung 3: Blutalkoholkurve **(Zimmer, 2006)**

Eliminierungsphase bezeichnet, in der der Abbau des Alkohols stattfindet. Erreicht die Eliminierungsphase eine Blutalkoholkonzentration von ca. 0,1 bis 0,2 mg/ml, so erfolgt unterhalb dieser Konzentration der Abfall eher nominal (Singer, 2002); (Zimmer, 2006).

12 Verteilung des Alkohols

Der resorbierte Alkohol gelangt in den Blutstrom, wo er dann über den gesamten Körper verteilt wird. Der Alkohol wird durch Diffusion über die Zellwände von den Organen und Geweben des Körpers bis zum Erreichen des Diffusionsgleichgewichts aufgenommen. Bis zum Erreichen dieses Gleichgewichts ist die Alkoholkonzentration auf der venösen Seite des großen Kreislaufs kleiner als auf der arteriellen (Madea, 2003). Wird das Diffusionsgleichgewicht erreicht, ungefähr 1 bis 1,5 Stunden nach dem Alkoholkonsum, ist die Alkoholkonzentration in den Organen proportional zu deren Wassergehalt (Singer, 2002). Das Diffusionsgleichgewicht wird allerdings erst erreicht, wenn die Resorptionsphase abgeschlossen ist (Madea, 2003).

Während der Resorptionsphase ist im Gehirn die Alkoholkonzentration sehr hoch, da der Konzentrationsausgleich zwischen Blut und Hirngewebe besonders schnell erfolgt, da das Gehirn zu den gut durchbluteten Organen gehört. Auch die Niere ist gut durchblutet, wodurch auch hier ein schneller Ausgleich der Alkoholkonzentration zwischen arteriellem Blut und Nierengewebe erfolgt. Die Lunge und die Leber weisen die höchsten Blutalkoholkonzentrationen auf, da das alkoholhaltige Blut diese Organe zuerst passiert. Ein Teil des Alkohols diffundiert dabei aus dem Lungengewebe und wird mit der Ausatemluft aus dem Körper ausgeschieden. Durch diesen Vorgang sinkt die Alkoholkonzentration im Blut (Madea, 2003). Die Alkoholmenge, die über die Lunge entweicht, liegt üblicherweise zwischen 1 bis 5 % der gesamten ausgeschiedenen Alkoholmenge (Singer, 2002).

12.1 Einflussfaktoren Verteilungsvolumen

Nachfolgend werden einige Einflussfaktoren des Verteilungsvolumens von Alkohol erläutert.

12.1.1 Geschlecht

Untersuchungen beweisen, dass unterschiedliche Menschen trotz gleicher aufgenommener Ethanoldosen stark variierende Blutalkoholkonzentrationen aufweisen können. Ein Hauptgrund hierfür ist das unterschiedliche Verhältnis von Körperwasser zu Körperfett der Menschen. Frauen haben üblicherweise weniger Körperwasser (ca. 100 ml/kg KG), aber dafür mehr Körperfett pro Kilogramm Körpergewicht (KG) als Männer. Da Alkohol eine geringe Löslichkeit in Fetten hat, bewirkt dieselbe Alkoholmenge pro Kilogramm Körpergewicht bei Männern eine niedrigere Blutalkoholkonzentration als bei Frauen. Zudem haben Frauen durschnittlich ein geringeres Körpergewicht als Männer. Die Kombination niedrigeres Körpergewicht und niedrigeres Körperwasser führt bei Frauen im Vergleich zu Männern meist zu einer erheblich höheren Blutalkoholkonzentration (Singer, 2002).

12.1.2 Alter

Der Anteil des Körperwassers nimmt mit steigendem Alter des Menschen ab. So beträgt bei einem gesunden 20 bis 29-jährigen Mann der Anteil des Körperwassers 61 % des Körpergewichts. Bei einem 50 bis 59-jährigen Mann hingegen beträgt das Körperwasser nur noch 54 % des Körpergewichts. Dies hat zur Folge, dass sich je nach Alter unterschiedliche Maxima der Blutalkoholkonzentration ergeben (Singer, 2002).

Zusammenfassend kann man sagen, dass Menschen mit einem höheren Körperwasseranteil pro Kilogramm Körpergewicht bei Aufnahme der gleichen Alkoholmenge im Allgemeinen eine niedrigere Blutalkoholkonzentration haben als Menschen mit weniger Körperwasser.

13 Abbau von Alkohol

Der vom Körper aufgenommene Alkohol wird auf verschiedenen Wegen abgebaut bzw. abgegeben: Maximal 5 % des Alkohols können über die Lunge mit der Ausatemluft abgegeben werden, indem der Alkohol durch das Lungenepithel diffundiert. Alkoholkonsum führt zu einem vermehrten Harnfluss. Dieser Urin wird unverstoffwechselt ausgeschieden und entspricht ca. 2 % des Alkoholabbaus. Über die Haut, vor allem durch Körperschweiß, wird ca. 1 bis 2 % ausgeschieden (Madea, 2007). Auch über die Tränenflüssigkeit kann eine zusätzliche Ausscheidung erfolgen, die dabei abgegebene Menge ist jedoch verschwindend gering (Singer, 2002).

Der Hauptabbauort ist mit ca. 95 % die Leber, wo der Alkohol mittels verschiedener Enzymsysteme abgebaut wird (Rehner, 2002). Der Alkoholabbau in der Leber wird in Kapitel 20.1.1 ausführlich behandelt.

Wie viel Alkohol kann in 24 Stunden abgebaut werden?

Beispielrechnung:

Körpergewicht Mann/Frau: 70 kg

Reduktionsfaktor (r) Mann: 0,7

Reduktionsfaktor (r) Frau: 0,6

Promille (siehe Seite 8):   0,15‰

Mann:

0,15‰ x 70kg x 0,7 = 7,35g Alkohol pro Stunde

7,35g x 24 Stunden = 176g Alkohol in 24 Stunden

Entspricht ca. 4,4 l Bier am Tag.

(Reiter, 2007)

Frau:

0,15‰ x 70kg x 0,6 = 6,3g Alkohol pro Stunde

6,3g x 24 Stunden = 151,2g Alkohol in 24 Stunden

Entspricht ca. 3,8 l Bier am Tag.

Beispielrechnung nach (Reiter, 2007)

14 Literaturverzeichnis

Bundesministerum für Gesundheit. (2010). *Moderne Drogen- und Suchtpolitik - der Mensch im Mittelpunkt.* (D. d. Bundesregierung, Hrsg.) Berlin: Puplikation der Bundesregierung.

Baltes, W. (2007). *Lebensmittelchemie* (Bd. 6. Auflage). BErlin: Springer Verlag Berlin Heidelberg New York.

Bundesministerium für Gesundheit. (2009). *Drogen- und Suchtbericht Mai 2009.* (D. d. Bundesregierung, Hrsg.) Berlin: Publikation der Bundesregierung.

DGE-Presse. (13. 03 2000). *Officielle Homepage Deutsche Gesellschaft für Ernährung.* Abgerufen am 11. 01 2011 von DGE: http://www.dge.de/modules.php?name=News&file=article&sid=98

DHS. (2009). *Deutsche Haupstelle für Suchtfragen e.V.(DHS).* Abgerufen am 18. 01 2010 von ohne Autor: http://www.dhs.de/suchtstoffe-verhalten/alkohol.html

Ekmekcioglu, C. (2006). *Essentielle Spurenelemente: Klinik und Ernährungsmedizin.* Wien: Springer-Verlag Wien.

Guder, W. G. (2005). *Das Laborbuch für Klinik und Praxis* (Bd. 1. Auflage). München: Urban & Fischer Verlag.

Hort, W. (2000). *Pathologie des Endokard, der Kranzarterien und des Myokard, Teil 2.* Heidelberg: Springer Verlag Berlin- Heidelberg.

Jacobi, G. (2005). *Kursbuch Anti-Aging.* Stuttgart: Georg Thieme Verlag.

Kasper, H. (2004). *Ernährungsmedizin und Diätetik* (Bd. 10. Auflage). München: Urban & Fischer.

Kreutzig, T. (2006). *Kurzlehrbuch Biochemie, 12. Auflage.* München: Urban und Fischer Verlag.

Kugler, H.-G. (2007). *Vegetarisch Essen- Fleisch vergessen: Ärztlicher Ratgeber für Vegetarier und Veganer.* Marktheidenfeld: Verlag das Wort GmbH.

Madea, B. (2003). *Handbuch gerichtliche Medizin, Band 2.* Berlin, Heidelberg: Springer-Verlag.

Madea, B. (2007). *Basiswissen Rechtsmedizin.* Heidelberg: Springer Medizinverlag Heidelberg.

Mader, P. (06 2009). DHS Basisinformationen Alkohol. (D. H. e.V., Hrsg.) Hamm.

Präve, P. (1994). *Handbuch der Biotechnologie.* München: R. Oldenbourg Verlag GmbH.

Rehner, G. (2002). *Biochemie der Ernährung.* Heidelberg/ Berlin: Spektrum Akademischer Verlag GmbH.

Reiter, C. (2007). *Synopsis und Atlas der Gerichtsmedizin* (Bd. 3. Auflage). Wien: Facultas Verlags- und Buchhandlungs AG.

Schauder, P. (2006). *Ernährungsmedizin Prävention und Therapie.* München: Urban & Fischer Verlag.

Schelhase, T. (2007). *Alkoholmißbrauch kostete mehr als 16.000 Menschen das Leben.* Wiesbaden: Bundesamt für Statistik.

Schlieper, C. A. (2005). *Grundfragen der Ernährung* (Bd. 18. aktualisierte Auflage). Hamburg: Verlag Dr. Felix Büchner - Verlag Handwerk und Technik G.m.b.H.

Singer. (2002). *Kompendium Alkohol.* Mannheim: Springer-Verlag.

Singer. (2005). *Alkohol und Alkoholfolgekrankheiten Grundlagen - Diagnostik - Therapie.* (S. Teyssen, Hrsg.) Heidelberg: Springer Medizin Verlag Heidelberg.

Stein, J. (2003). *Praxishandbuch klinische Ernährung und Infusionstherapie.* Berlin, Heidelberg: Springer Verlag Berlin - Heidelberg.

Suter, P. M. (2002). *Checkliste Ernährung.* Stuttgart: Georg Thieme Verlag .

Töpel, A. (2004). *Chemie und Physik der Milch: Naturstoff- Rohstoff- Lebensmittel.* Hamburg: Behr´s Verlag GmbH & Co. KG.

Willmes, A. (2007). *Taschenbuch chemische Substanzen.* Frankfurt am Main: Wissenschaftlicher Verlag Harri Deutsch.

Wollrab, A. (2009). *Organische Chemie: Eine Einfuhrung Fur Lehramts- Und Nebenfachstudenten.* Berlin-Heidelberg: Springer Verlag.

Zimmer, G. (2006). *Prüfungsvorbereitung Rechtsmedizin.* Stuttgart: Georg Thieme Verlag KG.

15 Abbildungsverzeichnis

Abbildung 1: Alkoholgehalt verschiedener Getränke pro 100 ml (Schlieper, 2005) (modifiziert) 9

Abbildung 2: Alkoholwirkung in Abhängigkeit der BAK (Madea, 2007).................. 11

Abbildung 3: Blutalkoholkurve (Zimmer, 2006) 25

16 Tabellenverzeichnis

Tabelle 1: Alkohol-, und Energiegehalt von Getränken (Schlieper, 2005) (modifiziert) 8

Tabelle 2: Einflussfaktoren der Resorption (Madea, 2003) (modifiziert) 24

17 Formelverzeichnis

Formel 1: Aliphatische und alicyclische Verbindungen (Wollrab, 2009) 3

Formel 2: chemische Formel Ethanol (Präve, 1994) 3

Formel 3: chemische Formel Ethanol (Singer, 2005) 4

Formel 4: Gleichung der alkoholischen Gärung (Willmes, 2007) (modifiziert) 6

Formel 5: Formel zur Bestimmung des Alkoholgehaltes in Gramm (Mader, 2009) ... 9

Formel 6: Windmark-Formel (Willmes, 2007) 10